# Solar Ratgeber

Kompendium der Photovoltaik

- Grundwissen -

Autor und Dozent

**Gordon Kronzucker**

STAATLICH GEPPRÜFTER TECHNIKER

Herstellung und Verlag:
Books on Demand GmbH, Norderstedt
ISBN 978-3-8423-2541-8

**2. Auflage**

2010

## Inhaltsverzeichnis

## Einleitung

Sehr geehrte Leserinnen und Leser,

vielen Dank für Ihr Interesse an der Photovoltaik und dem wahrscheinlich hierdurch entstandenen Kaufinteresse an diesem Buch. Sie werden auf den folgenden Seiten sehen, warum sich diese Investition für Sie gelohnt hat.

Spätestens in 30 Jahren, sprich als im Jahr 2040, wird kein Weg mehr an Solarstrom vorbeiführen. Nicht nur aus dem Grund, das Solarstrom bis dahin die einzig expandierende Energiequelle sein wird, sondern auch weil bereits in der Mitte dieses Jahrhunderts, sämtliche Uranvorräte erschöpft sein werden.

Wenn diese Uranvorräte erstmal erschöpft sind, bedeutet dies sogleich das „Aus“ für Kernkraft nach der Technologie, wie wir diese heute kennen. Die Kernkraft leistet zwar heute nur einen geringen Teil, gemessen am Gesamtenergiebedarf, jedoch ist dieser mit enormen Risikopotential behaftet und das nicht nur, was Entsorgung, Endlagerung sowie die Unfallträchtigkeit betrifft. Fallbeispiele wie Tschernobyl müssen daher nicht extra „explizit“ erwähnt werden.

Die Kohlevorräte der Erde reichen bei dem heutigen Stand der Nutzung noch maximal 70 Jahre, sprich also bis 2080 und das geschätzte Erdöl geht ebenfalls zur Neige. Erschwerend kommt bei dem Erdöl noch hinzu, dass die Verwendungsmöglichkeiten nicht nur auf das „verheizen“ beschränkt sind, sondern auch als Rohstoff für viele andere Industriezweige (wie Farben, Kunststoffe, ect.) benötigt wird.

Wasserkraft, Windkraft, Biomasse und Solarthermie haben zwar Zukunft, aber nach heutigem Stand der Technik, leider sehr wenig Ausbaupotential.

**Veränderung des Energiemixes bis 2100**

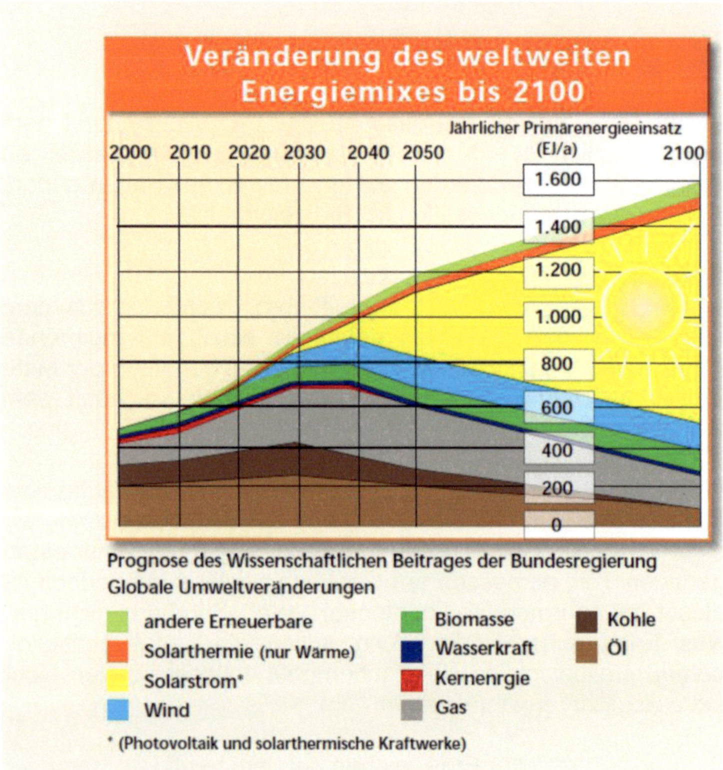


Quelle: http://www.insideb.de/upload/Files/28_29_BIB_0507.pdf

Eine mögliche Entwicklung: Energieexperten des Wissenschaftlichen Beirates der Bundesregierung räumen der Solarenergie ein riesiges Potenzial ein. Der weltweite Energiebedarf in 100 Jahren könnte zum Großteil aus der Sonne abdeckt werden.

Gerhard Willeke, Abteilungsleiter beim Frauenhofer ISE, sagte hierzu: *„Die staatliche Förderung der Branche hat dazu geführt, dass die deutsche Solartechnik die Weltspitze erreicht hat.“*

## Beteiligte an einem PV - Projekt

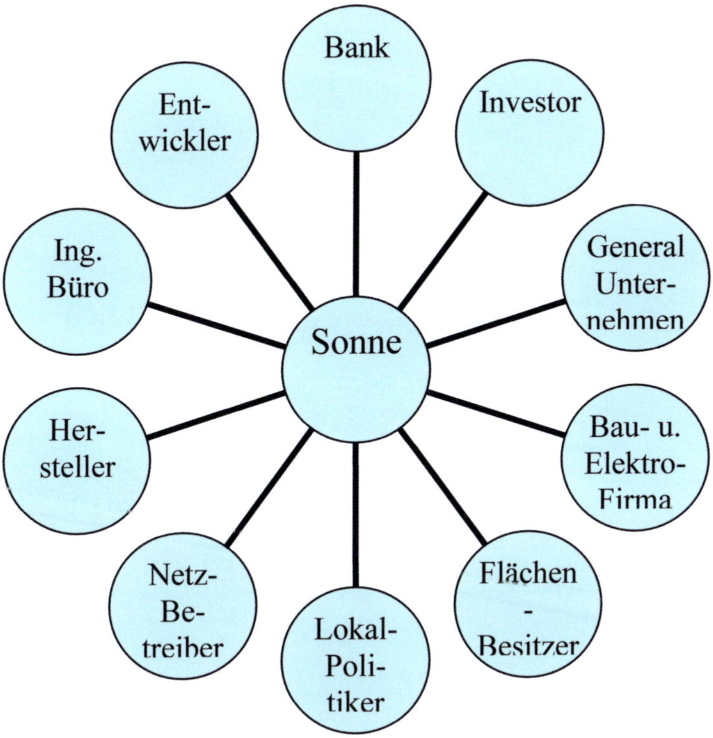


Dies ist ein grober Überblick über alle Beteiligten an einem Solarprojekt. Selbstverständlich variieren alle Komponenten, abhängig von der Projektgröße, einer jeweiligen Investition. Dieses Schema zeigt aber das Zusammenspiel der Projektbeteiligten unabhängig von einer Dachflächensolaranlage oder einer Freiflächensolaranlage.

Einer der bekanntesten Vertreter für die Durchführung solcher Projekte, unabhängig ob Dach,- oder Freiflächenanlage, ist die Gehrlicher Solar AG, mit Sitz in Dornach (München) und Neustadt bei Coburg (Oberfranken).

## Der Rote Faden einer PV – Anlage

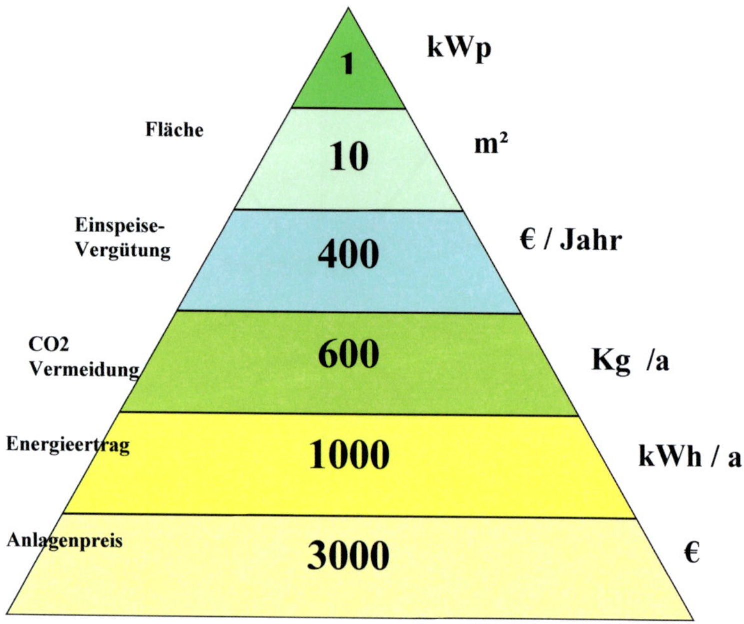


Im Durchschnitt benötigt man also 10 m² Platz um 1 kW Leistung aus einer Photovoltaikanlage zu installieren. Dieses ist ein Richtwert, welcher sich je nach den verlegten Modultypen ändert. So benötigt man für eine Anlage aus Dünnschichtzellen, ca. 12 m² für 1 kW, bei kristallinen Zellen jedoch nur 8 m². Welcher Modultyp der richte in Ihrem Fall ist, muss immer speziell entschieden werden. Hier ist eine Abhängigkeit von mehreren Faktoren die Ursache. Unter anderen der Standort, die Dachneigung, der Dachaufbau, Die Dachrichtung, Die Hausanschlüsse und viele Weitere. Eine Beratung bietet z.B. die Gehrlicher Solar AG jedoch kostenlos an.

## Physikalische Grundlagen der Photovoltaik

### Was ist Licht?

Das Licht ist der für das menschliche Auge sichtbarer Teil, elektromagnetischer Strahlung. Dieser erstreckt sich von etwa 380 bis 780 nm Wellenlänge, was einer Frequenz von etwa 789 bis 385 THz entspricht. Eine genaue Grenze lässt sich jedoch nicht angeben, da die Empfindlichkeit des menschlichen Auges an den Wahrnehmungsgrenzen nicht abrupt, sondern allmählich abnimmt. Die an das sichtbare Licht angrenzenden Bereiche der Infrarotstrahlung und Ultraviolettstrahlung werden häufig ebenfalls als Licht bezeichnet.

Einen Lichtstrahl kann man sich daher als eine Aufreihung punktförmiger „Lichtteilchen", sprich Photonen, vorstellen, welche sich mit einer Geschwindigkeit von rund 300.000 km/s ausbreiten. Diese Geschwindigkeit wird auch als Lichtgeschwindigkeit (299.797.458 m/s) bezeichnet.

Licht wird in Wellen ausgestrahlt. Das uns umgebende Licht in Natur und Technik besitzt unterschiedliche Wellenlängen. Durch ein optisches Gitter oder ein Prisma kann man dieses mehrfarbige Licht in seine einfarbigen Bestandteile zerlegen. Jeder dieser monochromatischen Lichtkomponenten entspricht ein spezifischer menschlicher Farbeindruck, die so genannten Spektralfarben oder mitunter auch als Regenbogenfarben bezeichnet. In der Reihenfolge zunehmender Wellenlänge findet man:

| etwa-Farbton | Wellenlänge | Wellenfrequenz | Energie pro Photon |
|---|---|---|---|
| | Violett | 380–420 nm | 789,5–714,5 THz<br>3,26–2,955 eV |
| | Blau | 420–490 nm | 714,5–612,5 THz<br><2,95–2,535 eV |
| | Grün | 490–575 nm | 612,5–522,5 THz<br>2,53–2,165 eV |
| | Gelb | 575–585 nm | 522,5–513,5 THz<br>2,16–2,125 eV |
| | Orange | 585–650 nm | 513,5–462,5 THz<br>2,12–1,915 eV |

| | | | |
|---|---|---|---|
| | Rot | 650–750 nm | 462,5–400,5 THz<br>1,91–1,655 eV |

Quelle: Wikipedia

**Das Lichtspektrum:**

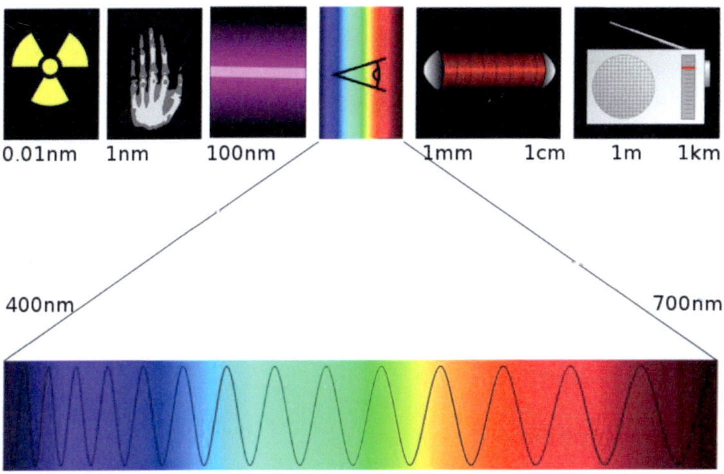


Quelle: Wikipedia

**Was ist Sonnenenergie?**

Die Sonne besteht zu 75% aus Wasserstoff, zu 23% aus Helium und nur zu 2% aus anderen Elementen. Dabei herrscht auf der Sonne eine Oberflächentemperatur von ca. 5700 °C. Auf der Sonne findet eine ständige Kernfusion statt. Diese wandelt Wasserstoff in Helium um wobei die frei werdende Energie, als Licht- und Wärmeenergie, in den Weltraum abgegeben wird.

In der Photovoltaik nutz man diesen Effekt direkt. Man erzeugt aus der abgegebenen Licht- und Wärmeenergie, elektrische Energie mittels Solarzellen, welche in Modulen in Reihe und Parallel verbaut und verschaltet sind.

Auch die Solarthermie nutzt diese Energie, jedoch wird in der Solarthermie Wärme, mittels Absorbern bzw. Solarkollektoren, erzeugt.

## Der Begriff Photovoltaik:

Der Begriff Photovoltaik ist zurückzuführen auf das griechische Wort „Phos“ und bedeutet im freien übersetzt „Licht“ sowie dem Wort „Volt“ welches bekanntlich die Maßeinheit der Spannung ist. Daher bezeichnet der Begriff Photovoltaik also die Umwandlung von Sonnenlicht in elektrische Energie. Der Photovoltaische Effekt ist also Strom aus Licht zu erzeugen.

## Photovoltaischer Effekt:

Wenn Licht auf eine Solarzelle trifft, werden Elektronen zur Wanderung angeregt und es entsteht eine elektrische Spannung zwischen der vom Licht zugewandten und der vom Licht abgewandten Seite. Wird dieser Stromkreis geschlossen, so fließt elektrischer Strom.

## Lichtabsorption:

Dieses Phänomen nutz die Solarthermie, sprich also Wärme aus Licht. Photonen dringen in das Material ein und verbleiben auch dort. Sie werden weder reflektiert noch transmittiert (wieder abgegeben), sondern erwärmen das Material. Dabei heizt sich eine schwarze Fläche wesentlich schneller auf, als zum Beispiel eine weiße.

## Energie

Energie kann man, wie in dem nachfolgenden Schema gezeigt, in verschiedene Subgruppen untergliedern.

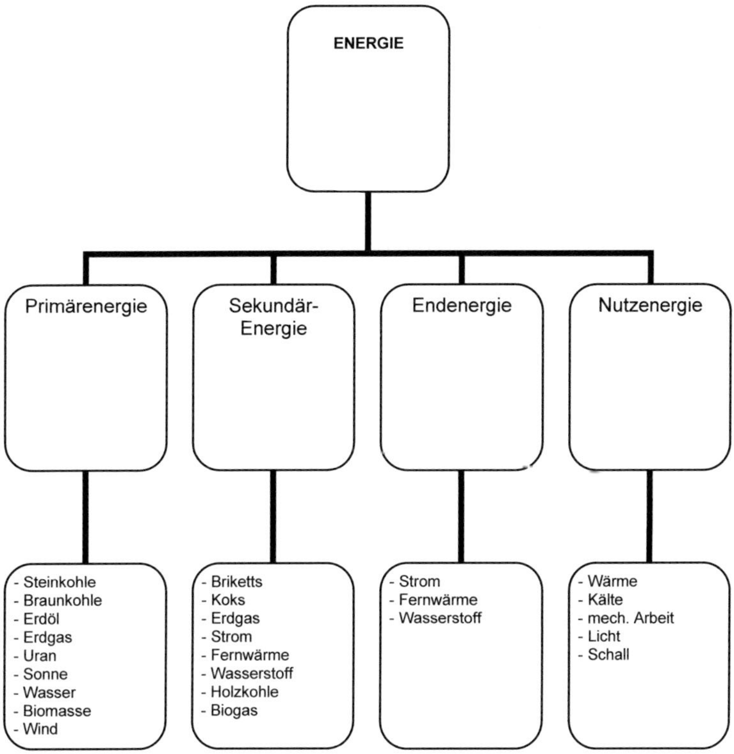


## Primärenergie

Als Primärenergie bezeichnet man die Energie, die mit den natürlich vorkommenden Energieformen oder Energiequellen zur Verfügung steht. Hierzu gehört u. a. Kohle, Gas, Wind oder Sonne.

## Sekundärenergie

Im Gegensatz zur Primärenergie, spricht man von Sekundärenergie, wenn diese erst durch einen, meistens mit Verlusten behafteten, Umwandlungsprozess aus der Primärenergie, gewandelt werden.

## Endenergie

Die nach eventuell weiteren Umwandlungs- oder Übertragungsverlusten vom Verbraucher nutzbare Endenergiemenge, bezeichnet man schließlich als Endenergie.

## Nutzenergie

Die Nutzenergie ist diejenige Energie, die dem Endnutzer für die gewünschte Energiedienstleistung zur Verfügung steht.

Durch die Anwendung oder eventuell auch die Umwandlung von Endenergie, gewinnt der Verbraucher Nutzenergie zur Befriedigung seiner Bedürfnisse. Mögliche Formen der Nutzenergie sind Wärme, Kälte, Licht, mechanische Arbeit oder Schallwellen.

Die Nutzenergie ist in den meisten Fällen kleiner als die Endenergie, da bei der Energieumwandlung Verluste auftreten. Beispielsweise erzeugt eine Glühbirne nicht nur Licht, sondern strahlt den größten Teil der eingesetzten Energie in Form von Wärme statt Licht ab.

## Energieformen

Man unterscheidet Energieformen nach Chemischer, Mechanischer, Kernenergie, Strahlungsenergie und Wärmeenergie. Die Strahlungsenergie ist die Energie, die bei der Photovoltaik genutzt wird.

**Energieformen**

| Energieform | Abbildung | Beispiel |
|---|---|---|
| Chemische Energie |  | Biomasse, Müll, Torf, Gas, Kohle, Öl |
| Mechanische Energie |  | Wasser, Wind (kinetische und potentielle Energie) |
| Kernenergie |  | Uran, Plutonium |
| Strahlungsenergie |  | Sonne |
| Wärmeenergie | 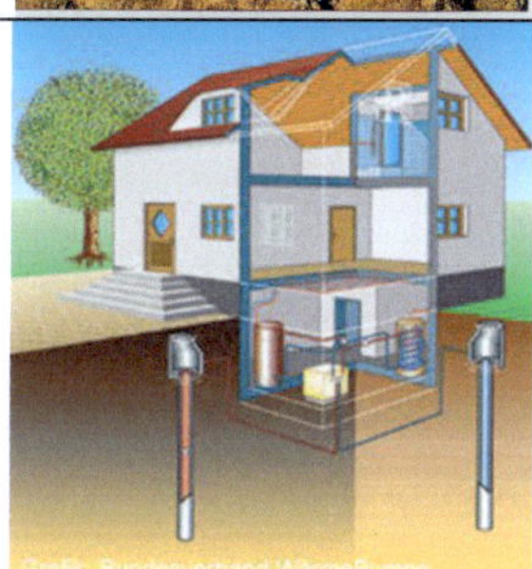  | Geothermie |

Die Primärenergie des Planeten Erde, ist die Strahlungsenergie der Sonne.

Quelle: http://www.reichl-trade.eu/wp-content/uploads/2009/02/sonne.jpg

## Energieeinheiten

| Input \ Output | kJ | kcal | kWh | Kg ce | kg oe | $m^3$ natural gas |
|---|---|---|---|---|---|---|
| 1 kJ | 1 | 0.2388 | 0.000278 | 0.000034 | 0.000024 | 0.000032 |
| 1 kcal | 4.1868 | 1 | 0.001163 | 0.000143 | 0.0001 | 0.00013 |
| 1 kWh | 3,600 | 860 | 1 | 0.123 | 0.086 | 0.113 |
| 1 kg ce | 29,308 | 7,000 | 8.14 | 1 | 0.70 | 0.924 |
| 1 kg oe | 41,868 | 10,000 | 11.63 | 1.428 | 1 | 1.319 |
| 1 $m^3$ natural gas | 31,736 | 7,580 | 8.816 | 1.082 | 0.758 | 1 |

Quelle:
http://hms-ag.com/uploads/pics/2c_konvertierung_von_energieeinheiten.jpg

Die Einheit der Energie ist aus dem Produkt von Leistung und Zeit, dementsprechend: = Ws (Wattsekunde) = J (Joule)

$$1J = 1W \times 1s = 1Ws \Rightarrow 1Ws = 1Nm = 1\frac{kgm^2}{S^2}$$

$$3600J = 1W \times 3600s = 1W \times 1h = 1Wh$$

$$3600kJ = 1000W \times 3600s = 1000W \times 1h = 1000Wh = 1kWh$$

**Zum Vergleich:**

Ein Haarföhn aus dem Hausgebrauch, mit einer Leistung von einem kW, hat einen Stromverbrauch, bei einer Stunde Laufzeit, von 1kW x 1h = **1kWh**.

- 1 Liter Heizöl liefert 10 kWh
- 1 $m^2$ Erdgas liefert 10 kWh

**Einheiten:**

| | | | |
|---|---|---|---|
| Kilo | [k] | $10^3$ | Tausend |
| Mega | [M] | $10^6$ | Million |
| Giga | [G] | $10^9$ | Milliarde |
| Tera | [T] | $10^{12}$ | Billion |
| Peta | [P] | $10^{15}$ | Peta |

Wie kann man sich nun also die Leistung einer Kilowattstunde (1kWh) vorstellen? Die Beispiele im Folgenden, sollen dieses verdeutlichen bzw. anschaulich machen.

1. Kilowattstunde kann, ohne Beachtung des Luftwiderstandes

- 1 t Masse 367 m hoch heben, ziehen, pumpen usw.
- 10 t Masse 36,7 m hoch heben, ziehen, pumpen usw.
- 367 t Masse 1 m hoch heben, ziehen, pumpen, usw.
- 9,5 l Wasser von 10 °C zum sieden erhitzen
- 1 t Masse von 0 auf 85 m/s (= 305 km/h) beschleunigen
- usw.

Vorausgesetzt, dass keine Energieverluste eintreten.

Je nach Wirkungsgrad ist die tatsächlich erzielbare Nutzarbeit jedoch geringer. Bei einem Wirkungsgrad von beispielsweise 60%, kann man mit 1 kWh eine Tonne Masse nur noch 220 m hoch befördern.

Je nach Wirkungsgrad der Energieumsetzung muss also zur Erzeugung einer kWh Nutzenergie entsprechend mehr Energie eingesetzt bzw. verbraucht werden.

## Sonnenenergie

Die alljährliche Sonneneinstrahlung auf Deutschland ist 80-mal größer als der jährliche Energiebedarf von Deutschland. Die Sonne liefert also pro m² ca. 1000 kWh, was ca. 100 Liter Heizöl entspricht, jährlich. Sonnenlicht, Biomasse, Wind- und Wasserkraft könnten quasi das 100 fache des jährlichen Energieverbrauches in Deutschland allein abdecken.

Quelle:
http://www.solar-is-future.de/uploads/pics/3_Ausbaupotenziale-der-Erne.gif

Das Grundprinzip der Nutzung erneuerbarer Energien ist denkbar einfach: aus den in unserer Umwelt laufend stattfindenden Prozessen wird Energie "abgezweigt" und der technischen Verwendung zugeführt. Dabei wird kein (zusätzliches) Kohlendioxid ausgestoßen – die Nutzung von Sonnen- und Windenergie sowie Wasserkraft, Biomasse und Geothermie trägt daher nicht zur globalen Erwärmung bei.

### Die Sonne als verlässliche Energiequelle

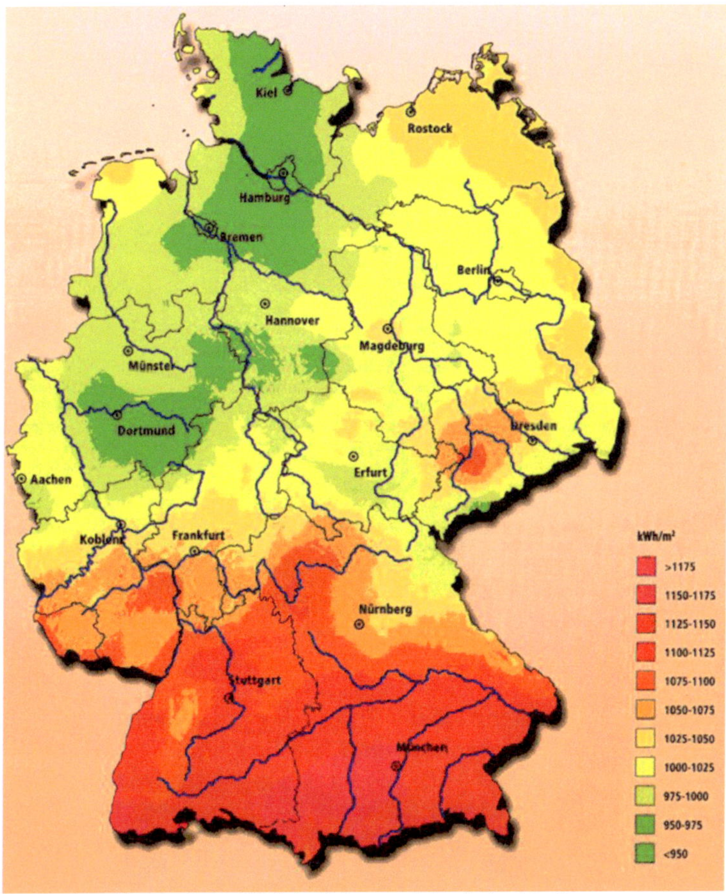


Quelle: http://www.photovoltaik-in.de/images/standortwahl.gif

Trotz verregneter Sommer und dunkler Wintermonate ist die Sonne in Deutschland eine verlässliche Energiequelle. Je nach Standort erreicht man in Deutschland pro Quadratmeter zwischen 850 bis 1.300 kWh eingestrahlte Energie. Zu 60% wird auch diffuses Licht zur Stromerzeugung genutzt. Dabei werden die Spitzenwerte der Auslastung in Deutschland i. d. R. in den Monaten von April bis Mai erzielt.

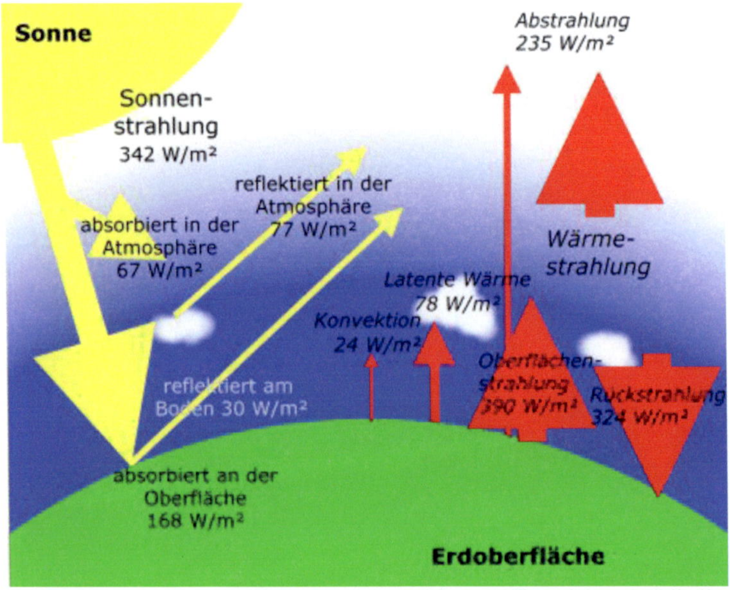


Quelle: http://www.oekosystem-erde.de/assets/images/Energiehaushalt-II.gif

Die Strahlungsbilanz der Erde: Sonnenstrahlung (gelb) erwärmt die Erdatmosphäre und die Erdoberfläche, sie wird als Wärmestrahlung (rot) wieder abgegeben; ein Teil der Wärmestrahlung wird von Gasen in der Atmosphäre zur Erde rückgestrahlt - die Atmosphäre wirkt daher als eine Art natürliches “Treibhaus”.

## Funktion einer Zelle

### Zellarten und Modulaufbau

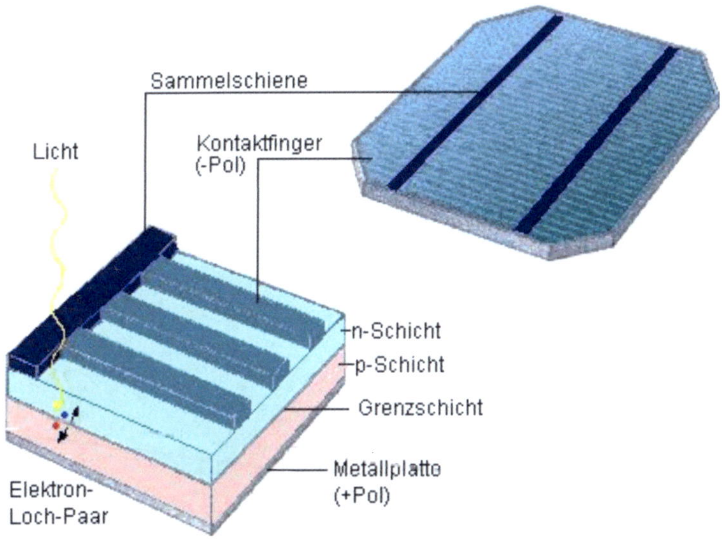


Quelle:
http://www.leifiphysik.de/web_ph10/umwelt-technik/16solarzelle/funktion.htm

Die klassische Silizium-Solarzelle besteht aus einer ca. 0,001 mm dicken n-Schicht, welche in das ca. 0,6 mm dicke p-leitende Si-Substrat eingebracht wurde. Den Übergang zwischen n-Schicht und p-Substrat nennt man p/n-Übergang oder einfach Grenzschicht. Bei der monokristallinen Siliziumsolarzelle wird die n-Schicht durch oberflächennahes Einbringen (dotieren) von ca. $10^{19}$ Phosphor-Atomen / $cm^3$ in das p-leitende Si-Substrat erzeugt. Die n-Schicht ist so dünn, damit das Sonnenlicht besonders in der Raumladungszone am p/n-Übergang absorbiert wird. Das p-leitende Si-Substrat muss dick genug sein, um die tiefer eindringenden Sonnenstrahlen absorbieren zu können und um der Solarzelle mechanische Stabilität zu geben.

Solarzellen werden bis heute fast ausschließlich aus Silizium hergestellt. Andere Materialien, wie z.B. Cadmium-Tellurid-Sulfid oder Kupfer-Indium-Diselenid werden ähnlich wie amorphes Silizium in Dünnschichttechnik verarbeitet. Bei Silizium-Solarzellen unterscheidet man je nach Art ihrer Herstellung zwischen monokristallinen, polykristallinen und amorphen Solarzellen. Neben den unten angegebenen typischen Färbungen sind inzwischen auch andere Farben erhältlich (gelb, gold, grün, braun, violett), die jedoch das Sonnenlicht stärker reflektieren und deshalb im Wirkungsgrad bis zu einem Drittel unter der Standardfärbung liegen.

## Monokristalline Solarzellen

Quelle: http://www.energieroute.de/solar/solarzellen.php

Monokristalline Solarzellen haben eine einheitliche, dunkelblaue bis schwarze Färbung. Sie bestehen aus einer Scheibe eines hochreinen, gezogenen Silizium-Einkristalls. Mit ihnen sind die höchsten Wirkungsgrade erreichbar (ca. 16...18 %), allerdings sind sie in der Herstellung am teuersten. Die Q.Cells SE mit Sitz in Thalheim, schaffte bereits unter Laborbedingungen, Werte von über 21% Wirkungsgrad.

## Polykristalline Solarzellen

Quelle: http://www.energieroute.de/solar/solarzellen.php

Polykristalline Zellen sind ebenfalls blau gefärbt, jedoch nicht ganz so dunkel wie die monokristallinen. Mehr oder weniger deutlich zu erkennen ist bei diesem Zellentyp eine Kristallstruktur, die sich aus dem Herstellungsvorgang ergibt. Polykristalline Solarzellen bestehen aus einer Scheibe eines gegossenen Siliziumblockes. Beim Abkühlen des flüssigen Siliziums entstehen verschieden ausgerichtete, voneinander abgegrenzte Kristallkörner. Polykristalline Solarzellen sind etwas preisgünstiger in der Herstellung als monokristalline, dafür nicht ganz so effizient. Ihr Wirkungsgrad beträgt ungefähr 14 bis mittlerweile sogar 16,8 %.

## Amorphe Solarzellen

erkennt man an ihrer einheitlich dunkelbraunen bis violetten Färbung. Sie bestehen aus einer dünnen Siliziumschicht, die auf ein Trägermaterial (z.B. eine Glasscheibe) aufgedampft wird. Sie sind in der Herstellung am kostengünstigsten, haben aber mit nur 6...8 % den geringsten Wirkungsgrad.

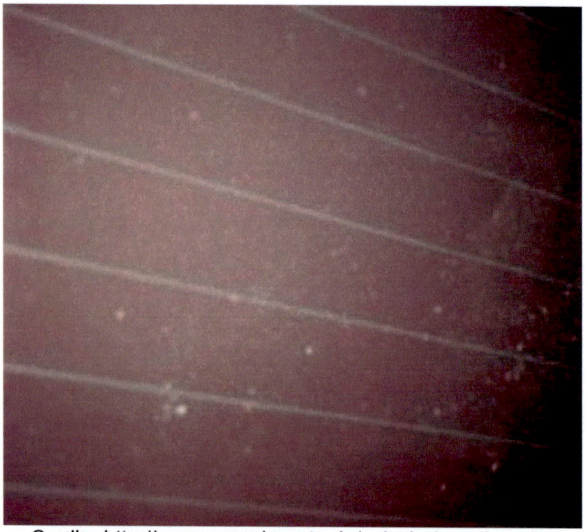

Quelle: http://www.energieroute.de/solar/solarzellen.php

## Strom und Spannung

Trifft Licht auf eine Solarzelle, entsteht elektrische Spannung (Gleichspannung). Die Analogie ist der Wasserhahn, auf dem Wasserdruck vorherrscht, obwohl dieser zugedreht ist. Schließt man den Stromkreis, so fließt Gleichstrom. Öffnet man den Wasserhahn, so fließt Wasser.

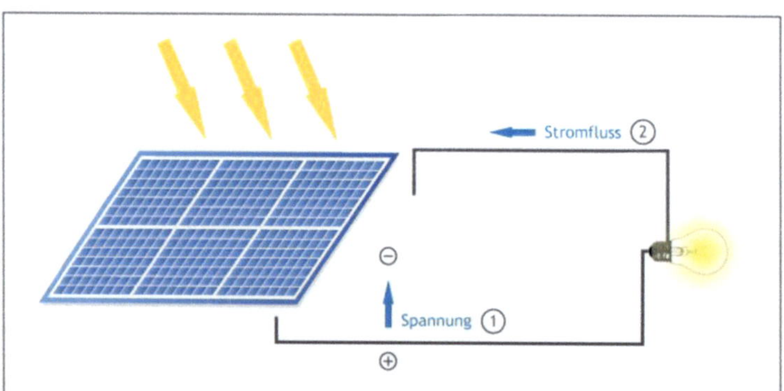


Quelle:
http://www.luxcara.com/tl_files/article/solar/funktionsweise_photovoltaik.png

## Die Solarzelle

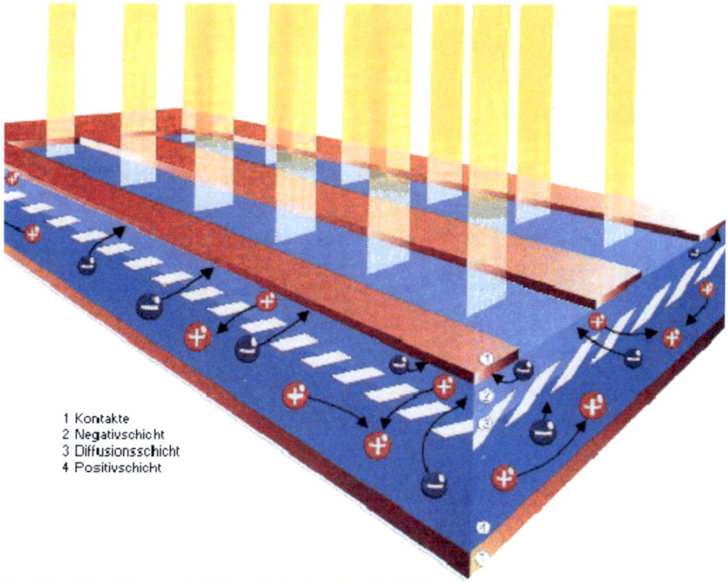


Quelle: http://www.christian.de/solar/kapitel2.html

Das Sonnenlicht fällt auf die Zellenoberfläche und setzt die Elektronen in den unterschiedlich geladenen Schichten durch Wärmeenergie in Bewegung. An den Kontakten lässt sich dann ein elektrischer Strom abgreifen.

Der eigentliche Antrieb der Solarzelle ist ihre Raumladungszone. Trifft die Lichtenergie (Photonen) in die Raumladungszone, werden die negativen Elektronen aus den positiven Löchern gerissen. Beide Ladungsträger bewegen sich entsprechend der durch die Raumladungszone aufgebauten Feldkraft. Die Elektronen zur positiven Raumladung im n-dotierten Bereich, die positiven Löcher zur negativen Raumladung im p-dotierten Bereich. Es entsteht an den Metallkontakten eine Spannung von ca. 0,5 V, die an einem Verbraucher einen elektrischen Strom erzeugt.

Je intensiver die Beleuchtung und je großflächiger die Raumladungszone ist, desto mehr Elektronen-Loch-Paare werden frei und umso größer wird dann auch die zur Verfügung stehende Stromstärke. Pro Quadratzentimeter beleuchteter Solarzellenfläche kann man mit einer Stromentnahme von etwa 20 mA rechnen.

Da nicht jedes Photon ein Elektron-Loch-Paar freisetzt und ein Elektron mit einem Loch wieder rekombinieren kann und dabei nur Wärme produziert (die Rekombination steigt mit der Betriebstemperatur), ist der Wirkungsgrad einer Solarzelle begrenzt. Er liegt derzeit im Bereich von 10% - 18%.

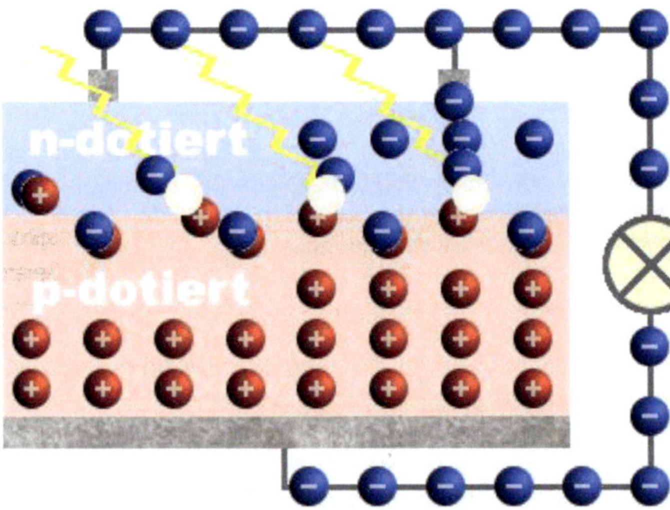


Quelle:
http://www.solarenergysystems.eu/solarzelle_aufbau_und_funktion.html

Bei Solarzellen handelt es sich also, kurz gefasst, um dünne Scheiben aus Silizium.

## Dotierung

Unter Dotierung versteht man das Einbringen von Fremdatomen (z.B. Bor und Phosphor) in die bestehende Siliziumkristallstruktur.

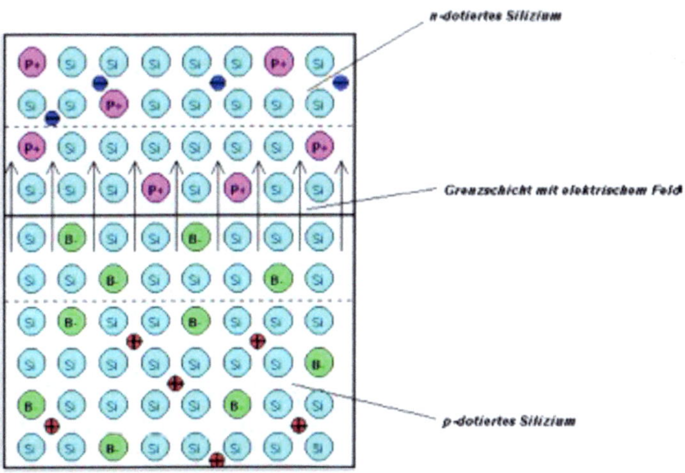


Quelle: http://www.renewable-energy-concepts.com

Die dem Sonnenlicht zugewandte Seite ist mit Phosphor negativ n-dotiert (d.h. 5 statt 4 Elektronen in der äußeren Schale). In der Regel ist diese Schicht lediglich einige zehntel µm stark (ca. 0,2 µm). Die darunter liegende ca. 300µm dicke Schicht ist mit Bor positiv p-dotiert (d.h. 3 statt 4 Elektronen in der äußeren Schale).

Bei allen Herstellungsverfahren gilt, dass die Dotierung mit Bor schon beim Herstellen der Blöcke oder Ingots beziehungsweise Stäbe vorgenommen wird. Die n-Dotierung mit Phosphor erfolgt in einem späteren Arbeitsgang.

## Wie entsteht in einer Solarzelle aus Sonnenlicht Strom?

Durch Lichteinfall werden im Silizium der Solarzelle Elektronen und Löcher (sog. Defektelektronen) erzeugt und durch das elektrische Feld getrennt. Die Elektronen werden dem Minuspol und die Defektelektronen dem Pluspol zugeführt. Durch Verbindung der Kontakte über einen elektrischen Verbraucher wandern die Elektronen über den äußeren Stromkreis zum Pluspol zurück – Gleichstrom fließt.

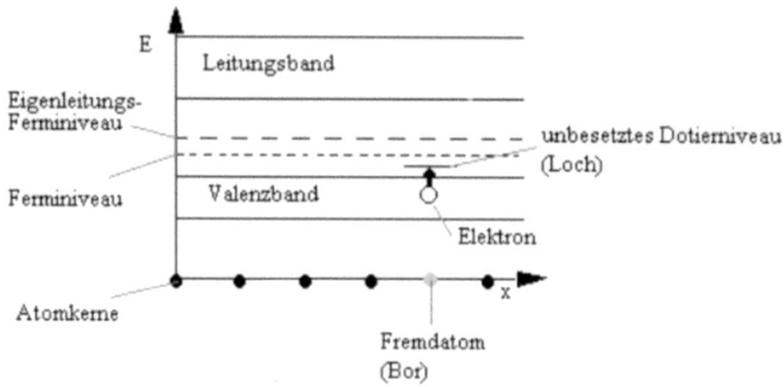


Das "Loch" des Boratoms wird leicht durch Elektronen aus dem Valenzband besetzt (oder auch aus dem Leitungsband), weil nur wenig Energie nötig ist um in das unbesetzte Energieniveau zu wechseln

Quelle:
http://www.tu-chemnitz.de/etit/microtec/lehre/schuelerarbeit_solarneu/abb3.gif

## Strom und Spannung einer Solarzelle

| Der Strom ist abhängig von | - der Fläche der Zelle<br>- der Einstrahlung<br>- dem Wirkungsgrad<br>- der Zelltemperatur |
|---|---|
| Die Spannung ist abhängig von | - der Einstrahlung<br>- dem Wirkungsgrad<br>- der Zelltemperatur |
| Die Leistung ist abhängig von | - Produkt aus Spannung und Strom |

## Nennspannung, Strom und Leistung

| | | |
|---|---|---|
| V | Volt | Einheit der Spannung |
| A | Ampere | Einheit des Stromes |
| Wp | Wattpeak | Peakleistung = Spitzenleistung |

Wp ist die Einheit der Leistung eines Standardsolarmoduls unter Standardbedingungen von 25 °C Zelltemperatur bei 1000 W/m² Sonneneinstrahlung in einem definierten Wellenspektrum.

## Kennlinien einer Solarzelle

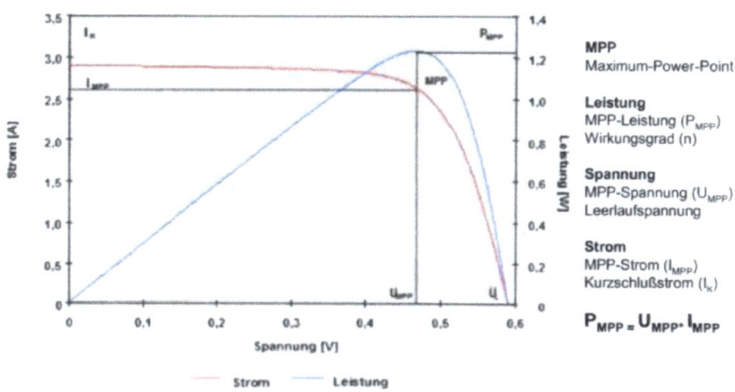


## Kennlinienänderung bei unterschiedlicher Einstrahlung

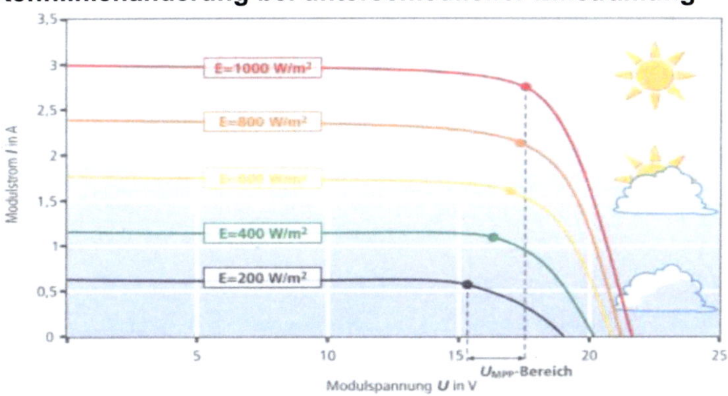

Ein Solarmodul ist aus mehreren Solarzellen zusammengeschaltet. Über Reihen- bzw. Parallelschaltung der Solarmodule wird die Stromstärke oder die Spannung erhöht und Gleichstrom erzeugt.

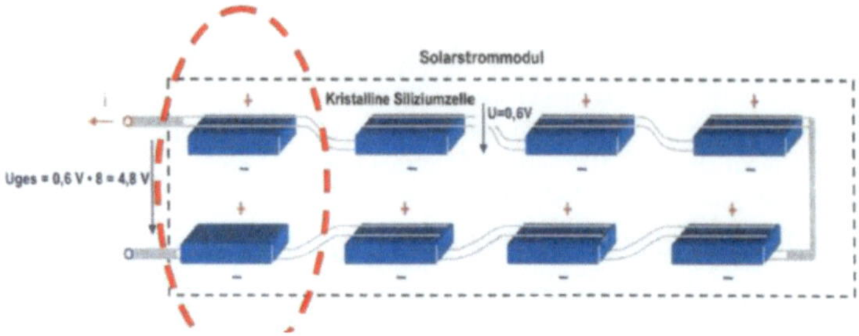


Um die sehr geringe technische Spannung von Solarzellen nutzbar machen zu können, werden Solarzellen in Reihe geschaltet. Dadurch addiert sich die Spannung der einzelnen Zellen von ca. 0,48 V in einem 60 zelligen Solarmodul auf 60 x 0,48 V = 28,7 V Arbeitsspannung.

$$Anzahl - der - Zellen \times Spannung - pro - Zelle$$
$$= Arbeitsspannung$$

Der Arbeitsstrom einer Solarzelle beträgt bei einer Einstrahlung von 1000 W/m² ca. 7,85 Ampere. Daher ist der Arbeitsstrom von einem Zellenstring ebenfalls ca. 7,85 A.

Die Nennleistung eines 60 zelligen Solarmoduls wird demnach wie folgt berechnet.

$$Nennspannung(V) \times Nennstrom(A) = Nennleistung(Wp)$$
$$28{,}7V \times 7{,}85A = 225Wp$$

Eine 5 – Zoll große Zelle hat folgende Werte: 0,6 V Spannung und 4,5 A Strom.

## Silizium

Quelle: http://www.schott.com

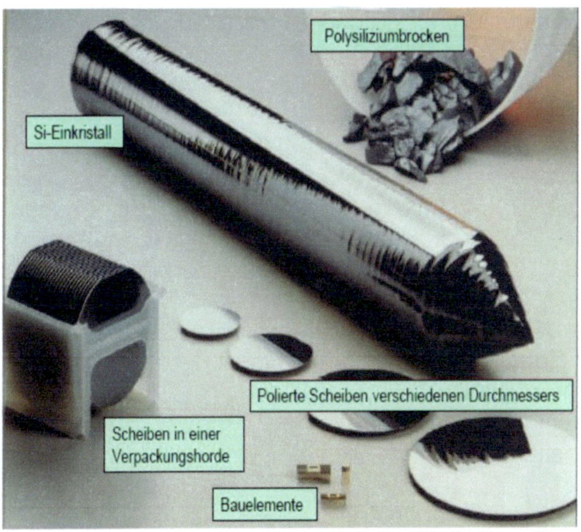


1.) Herstellung von hochreinem Polysilizium aus Quarzsand

2.) Ziehen eines einkristallinen Si-Stabes

3.) Herstellung von Si-Scheiben aus dem Kristall

Quelle: http://www.uni-stuttgart.de/izfm/lehre/Werk_Her.pdf

| Prozessschritt | Produkt |
|---|---|
| Reduktion von $SiO_2$ (Quarzsand): $SiO_2 + SiC \rightarrow Si + SiO + CO$ | Rohsilizium (98%) |
| ↓ | |
| Reaktion von Rohsilizium zum flüssigen Trichlorsilan: $Si + HCl \rightarrow SiHCl_3 + H_2$ | Trichlorsilan (Siedepunkt 31,8 °C) |
| ↓ | |
| Destillation von Trichlorsilan zu hochreinem Trichlorsilan | hochreines Trichlorsilan ( $< 10^{-9}$ ) |
| ↓ | |
| Reduktion von Trichlorsilan zu Polykristallinem Si: $SiHCl_3 + H_2 \rightarrow Si + HCl$ | hoch reine Poly-Si-Brocken für CZ-Verfahren oder hoch reine Poly-Si-Stäbe für Float-Zone Verfahren |

Quelle: http://www.uni-stuttgart.de/izfm/lehre/Werk_Her.pdf

## Detaillierter Prozessablauf

1. Siliziumstab mit Czochralsky oder dem Float-Zone Verfahren ziehen
2. Stab auf genauen Durchmesser schleifen
3. "Flat" oder "Notch" einschleifen; dient zur Identifikation der Kristallorientierung und für die mechanische Vorjustierung im Chip - Fertigungsprozess
4. Herstellen der Si-Scheiben durch Innenboard - Trennen
5. Scheibenrand durch Schleifen abrunden; verhindert Ausbrüche bei der Handhabung
6. Läppen zur Einstellung der Scheiben-Makrogeometrie (Dicke, Welligkeit, Keilfehler)
7. Contact Polieren zum Entfernen der zerstörten Kristallschicht
8. Ätzen der restlichen zerstörten Kristallschicht
9. Semi Contact Polieren als Endfinish der Oberfläche (nur "Vorderseite")
10. Endreinigung, Endprüfung (Partikel, Defekte), Verpackung

Silizium ist das zweithäufigste Element auf dem Planeten Erde. Der Planet besteht zu 15 Masseprozent aus Silizium.

Insbesondere der Erdmantel setzt sich zu einem beträchtlichen Anteil aus silikatischen Gesteinsschmelzen zusammen. Die Erdkruste besteht zu etwa 25,8 Gewichtsprozent aus Silizium; damit ist es das zweithäufigste chemische Element nach dem Sauerstoff. Hier tritt Silizium im Wesentlichen in Form von silikatischen Mineralien oder als reines Siliziumdioxid auf. So besteht Sand vorwiegend aus Siliziumdioxid. Quarz ist reines Siliziumdioxid. Viele Halbedelsteine und Schmucksteine bestehen aus Siliziumdioxid und mehr oder weniger Beimengungen anderer Stoffe, etwa Amethyst, Rosen- und Rauchquarz, Achat, Jaspis und Opal. Mit vielen Metallen bildet Silizium Silicate aus. Beispiele für silicathaltige Gesteine sind Glimmer, Asbest, Ton, Schiefer, Feldspat und Sandstein. Auch die Weltmeere stellen ein gewaltiges Reservoir an Silizium dar: In Form der Monomeren Kieselsäure ist es in allen Ozeanen in beträchtlichen Mengen gelöst.

Im industriellen Maßstab wird elementares Silizium durch die Reduktion von Siliziumdioxid mit Kohlenstoff im Lichtbogenofen bei Temperaturen von etwa 2000 °C gewonnen.

$$\mathrm{SiO_2} + 2\,\mathrm{C} \longrightarrow \mathrm{Si} + 2\,\mathrm{CO}$$

## Herstellungsprozess kristalliner PV – Module

Als Grundstoff für Solarzellen wird zurzeit in fast allen Fällen Silizium verwendet - das zweithäufigste Element der Erdrinde. Ausgangsmaterial für den Herstellungsprozess ist z. B. Quarzsand (SiO2): Daraus wird durch die chemische Reduktion mit Kohle Rohsilizium erzeugt, das für die Herstellung von Solarzellen notwendig ist. Da man für Solarzellen p - n - Übergänge benötigt, wird bereits der Siliziumschmelze eine kleine Menge des Elements Bor beigefügt.

Für die Herstellung von polykristallinen Solarzellen wird flüssiges Silizium in eine Form gegossen. Anschließend wird das erkaltete Silizium in dünne Scheiben, in sogenannte

Wafer gesägt. Jedoch bilden sich bei der Erstarrung des Materials Kristalldefekte heraus, die einen niedrigeren Wirkungsgrad der Solarzelle zur Folge haben.

**Herstellungsprozess einer polykristallinen Solarzelle**

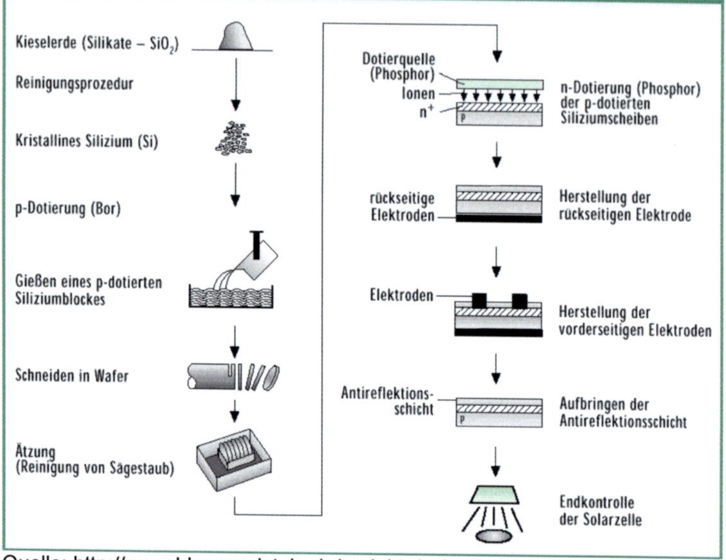


Quelle: http://www.bbs-gerolstein.de/projekte/solar/Entstehu.htm

Teurer hingegen ist das monokristalline Silizium im Ziehverfahren. Aus der Schmelze von hochreinem Silizium wird unter ständiger Rotation ein Einkristallstab gezogen. Dieses Verfahren benötigt sehr viel Energie, ermöglicht aber auch Relativ hohe Wirkungsgrade der Solarzelle.

Für die Herstellung eines p-n-Übergangs muss jeder Wafer aus p - dotierten Silizium mit einem fünfwertigen Element dotiert werden. Zumeist findet eine n - Dotierung mit Phosphor statt. Zur n - Dotierung lagert man in einem Ofen bei hohen Temperaturen (800 bis 900 Grad Celsius) Phosphor in die Siliziumscheibe ein. Damit das Licht Möglichst in der Umgebung des p -n - Übergangs absorbiert wird, sollte diese n - Schicht sehr dünn sein. In der Praxis liegt der Durchmesser bei etwa 0,2 Tausendstel Millimeter. Zum Schluss werden die elektrischen Kontakte angebracht.

Häufig werden kristalline Solarzellen und Solarmodule gleichgesetzt – sachlich ist das allerdings falsch. Module bestehen aus mehreren Solarzellen. Diese werden nach dem Prinzip der Reihenschaltung zu einem String (deutsch: Strang) verbunden. Für einen höheren Stromfluss werden mehrere Strings parallel geschaltet. Anschließend werden die Solarzellen mit einem Glas abgedeckt, laminiert und mit einem Rahmen versehen, um die empfindlichen Solarzellen gegen Stoß und Witterung zu schützen. Anschlusskabel auf der Modulrückseite komplettieren den Fertigungsprozess.

Erst jetzt spricht man von einem Solarmodul. Nicht ganz so eindeutig lassen sich die Begriffe in der Dünnschichttechnik fassen. Hier entstehen die Zellen erst durch die Strukturierung der dünnen Schichten auf dem Glassubstrat – ein Laser teilt die beschichtete Fläche in Zellabschnitte. Eine einzelne Solarzelle, die man in die Hand nehmen kann, gibt es im Gegensatz zur kristallinen Modultechnologie in der Dünnschichttechnik nicht. Die Verwandlung des beschichteten Substrats in ein Zellenpaket ist hier nur ein Arbeitsschritt - anschließend erfolgt, ähnlich wie in der kristallinen Technologie, die Laminierung und Rahmung inklusive Anbringung der Anschlusskabel bis zum fertigen Modul.

Monokristalline Module enthalten Solarzellen von schwarzer Farbe, die aus einem einzigen Siliziumkristall bestehen. Dies ist der Grund für ihren hohen Wirkungsgrad von bis zu 18 %. Monokristalline Module eignen sich besonders bei geringem Platzangebot.

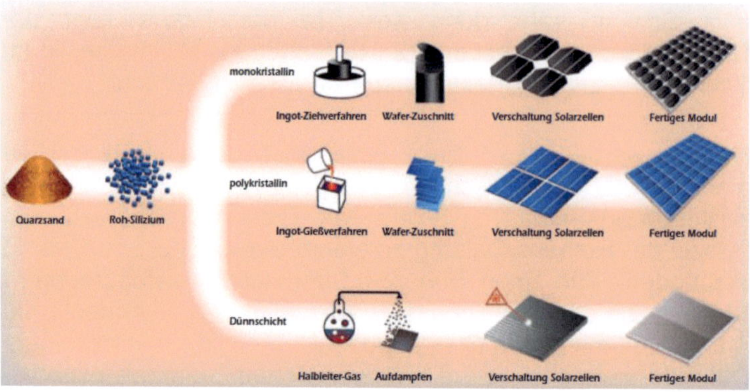


Quelle: http://www.neue-energie-technik.net/PDF_de/NET-Solartechnik.pdf

## Dünnschichtzellen

Die Dünnschichttechnologie setzt auf ein komplett anderes Herstellungsverfahren. Der wichtigste Unterschied: Die photoaktive Schicht beträgt lediglich wenige tausendstel Millimeter – „dick" genug für den photovoltaischen Effekt und etwa hundert Mal „dünner" als bei kristallinen Zellen. Die technische Aufgabe besteht in der Optimierung des Produktionsprozesses: Erzielung hoher Wirkungsgrade auf großen Substratformaten bei gleichbleibender Qualität. Sharp hat sich für die Produktion von mikroamorphen Photovoltaikmodulen entschieden und damit für eine der ausgereiften Alternativen zur kristallinen Modultechnologie. Sie basiert auf hauchdünnen Schichten von amorphem und mikrokristallinem Silizium.

Der Hauptgrund für die verstärkte Entwicklung von Dünnschichtzellen ist der geringe Materialbedarf. Die photoaktiven Schichten sind hauchdünn; dementsprechend gering ist der Bedarf an Halbleitermaterial.

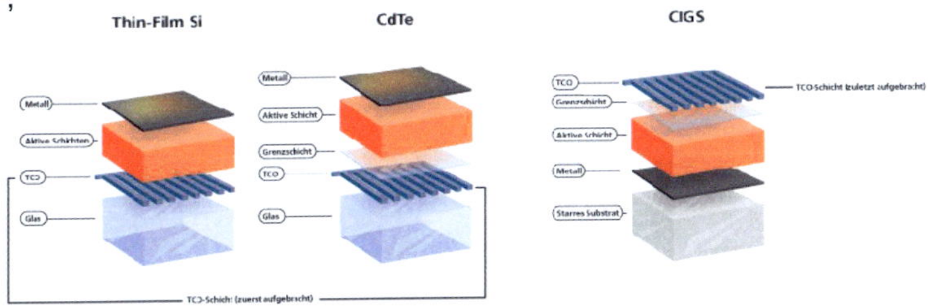


Quelle: http://www.advanced-energy.de

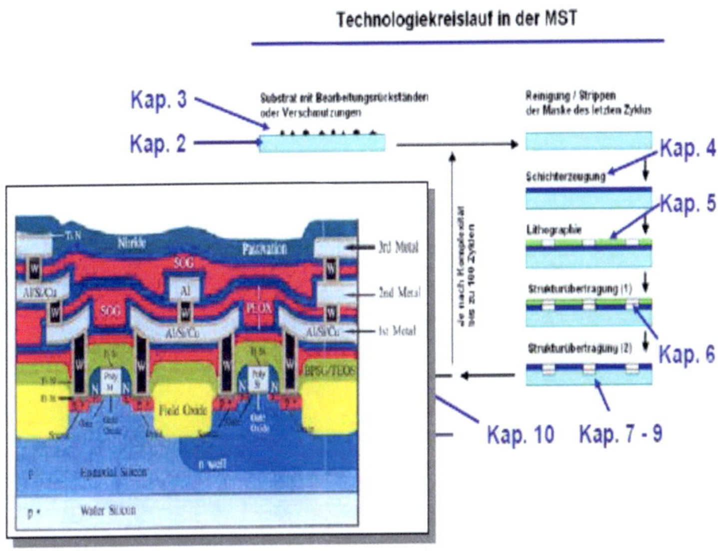


Quelle: http://electures.informatik.uni-freiburg.de

## Energiebilanz einer kristallinen Siliziumzelle

100 % eingestrahlte Sonnenenergie
- 3 % Reflexion & Abschattung d. Frontkontakte
- 23 % zu geringe Photonenenergie der langwelligen Strahlung
- 32 % überschüssige Photonenenergie d. kurzwellige Strahlung
- 8,5 % Rekombination
- 20 % Potentialgefälle in der Zelle (Raumladungszone)
- 0,5 % Serienwiderstand (Stromwärmeverluste)

**= 13 % nutzbare elektrische Energie (Wirkungsgrad Solarmodul)**

## Komponenten von PV – Systemen

### Typen von Solaranlagen

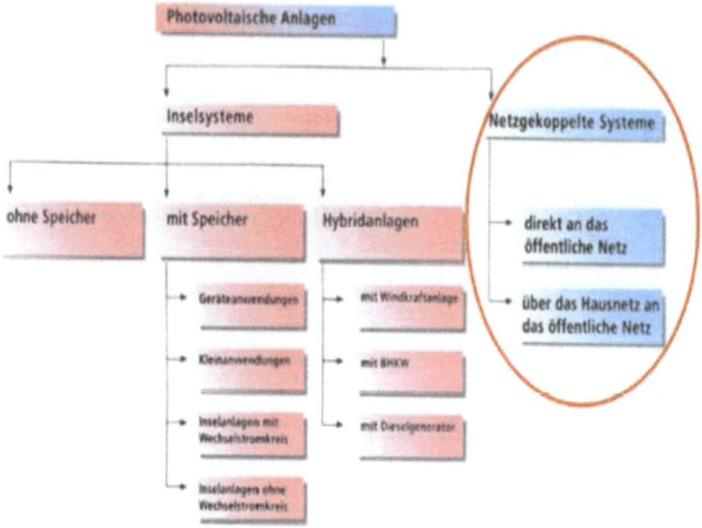


### Netzgekoppelte Systeme

Netzgekoppelte Systeme sind Photovoltaikanlagen, die den erzeugten Strom direkt in ein Stromnetz einspeisen. Neben dem Solargenerator, der den elektrischen Strom in Form von Gleichstrom zur Verfügung stellt, ist die Installation eines Wechselrichters notwendig. Dieser hat die Aufgabe, die Gleichspannung (DC-Spannung) in netzkonforme Wechselspannung (230 VAC, 50 Hz) umzuwandeln.

Netzgekoppelte Systeme können so erweitert werden, dass die erzeugte Energie bei Stromausfall im eigenen Gebäude verwendet werden kann und so die wichtigsten Geräte (Kühlgeräte, Heizungspumpen,...) weiter mit Energie versorgt werden.

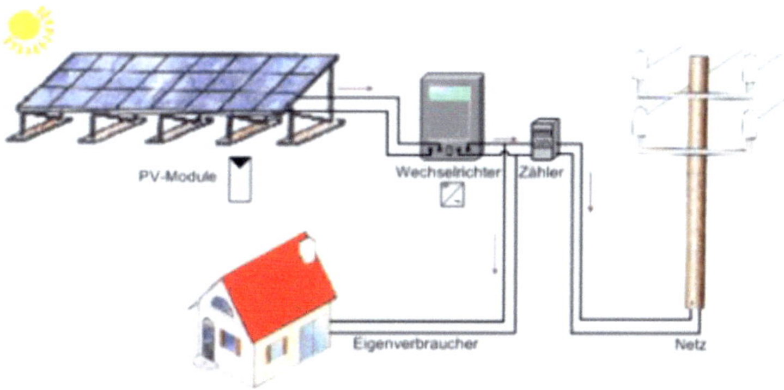


Quelle: http://www.atb-becker.com/index.php?site_id=15

## Inselanlagen

Inselanlagen kommen überall dort zum Einsatz, wo keine Anbindung an das öffentliche Stromnetz besteht oder eine solche Versorgung nicht erwünscht oder unrentabel ist. Um eine unabhängige Stromversorgung zu gewährleisten, ist ein Batteriespeicher erforderlich, welcher sich durch besonders hohe Zyklenfestigkeit auszeichnen muss. Ebenso ist die Installation eines Ladereglers erforderlich, um das Speichersystem vor Überladung bzw. Tiefentladung zu schützen. Sollen durch die Inselanlage auch Geräte versorgt werden die Wechselspannung benötigen, ist auch hier zusätzlich ein Wechselrichter zu installieren.

## Hybridsysteme

Hybrid-Systeme kommen dann zum Einsatz, wenn größere Verbraucher versorgt werden müssen oder verschiedene Energiequellen zur Verfügung stehen. So können in Hybridsystemen Photovoltaiksysteme, Windenergie, Wasserkraft, BHKW und andere Energiequellen kombiniert werden. Mit Hybridsystemen können einzelne Objekte aber auch ganze Dorfstromversorgungen realisiert werden. Wichtig ist eine genaue Abstimmung der einzelnen Komponenten und deren Dimensionierung.

## Abb. Inselanlage:

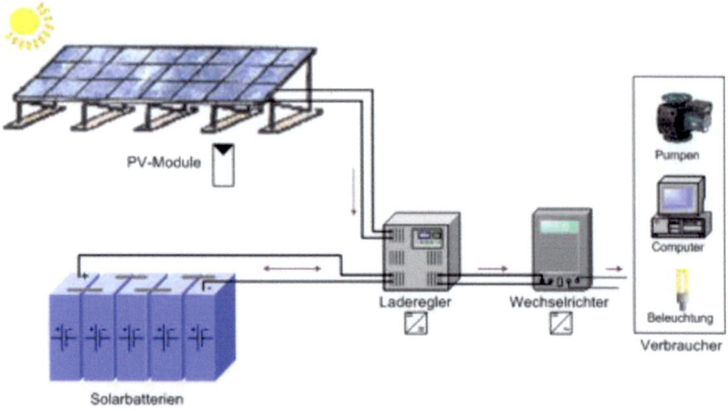


Quelle: http://www.atb-becker.com/index.php?site_id=15

## Abb. Hybridsystem:

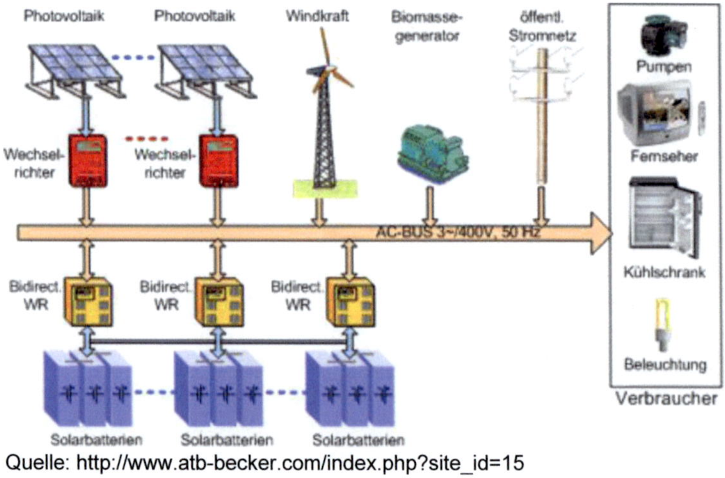


Quelle: http://www.atb-becker.com/index.php?site_id=15

## Wechselrichter

Ein Wechselrichter (auch Inverter) ist ein elektrisches Gerät, das Gleichspannung in Wechselspannung bzw. Gleichstrom in einen Wechselstrom umrichtet. Der Wechselrichter ist neben dem PV Generator, die zweitwichtigste Schlüsselkomponente einer netzgekoppelten PV – Anlage.

Es gibt drei Varianten von Wechselrichtern für netzgekoppelte Photovoltaikanlagen:

### Modulwechselrichter

Modulwechselrichter werden am Solarmodul montiert und werden für Solarmodul-Leistungen von 100 Wp bis 1400 Wp angeboten. Durch die ausgangsseitige (AC-seitige) Parallelschaltung werden Verluste aufgrund unterschiedlicher Beleuchtungsstärke der Module verhindert. Ein Trenntransformator dient der Sicherheit.

### Strangwechselrichter

Strangwechselrichter (engl. String Inverter) sind mit einem Kabel mit mehreren in Reihe geschalteten Solarmodulen verbunden. Sie sind die heute am weitesten verbreiteten Wechselrichter in der Photovoltaik. Nachteile sind die hohen zu übertragenden Gleichspannungen und Probleme bei Teilabschattungen einzelner Module z. B. aufgrund von Wolken.

### Zentralwechselrichter

Zentralwechselrichter sind große Wechselrichter, die meistens in einem eigenen Raum untergebracht sind. Vorteile sind hohe Wirkungsgrade. Nachteil: Bei einer Störung ist der gesamte Anlagenteil außer Betrieb.

Es wird oft mit hohen Wirkungsgraden der Wechselrichter geworben. Im Teillastbereich ist er geringer und wird deshalb gemittelt und dann als "Europäischer Wirkungsgrad" bezeichnet. Der Wirkungsgrad des Wechselrichters entscheidet jedoch nicht allein über den Gesamtwirkungsgrad einer Photovoltaikanlage, sondern alle weiteren Komponenten ebenso wie Reihen- oder Parallelschaltung. Die Leistung bzw. Funktion eines Wechselrichters wird bei Photovoltaikanlagen meist durch einen sogenannten Solar Datenlogger überwacht und protokolliert. Seit Januar 2009 müssen Photovoltaikanlagen in Deutschland mit Leistungen ab 100 kWp über die Möglichkeit verfügen vom Netzbetreiber in der eingespeisten Wirkleistung reduziert zu werden (§ 6.1 EEG). In der Praxis wird dies über Rundsteuerempfänger realisiert, die eine 4-stufige Wirkleistungsreduzierung signalisieren können. Verschiedene Solar Datenlogger bieten eine Unterstützung für diese gesetzliche Anforderung.

## Montagevarianten

Eine der am häufigsten auftauchenden Fragen im täglichen Beratungsalltag ist die nach der "besten" Technologie und der besten Montagevariante. Es geht also darum, ob man besser Dünnschichtmodule, kristalline Module oder gar Hochleistungsmodule auf sein Dach montieren soll und ob diese nach Süden ausgerichtet werden - oder dachparallel montiert werden sollen.

Diese Diskussion wird zum Teil sehr emotional geführt und oft überlagern sich Tatsachen wie physikalische Eigenschaften der jeweiligen Technologien mit Verkaufsargumenten und schlichten Missverständnissen. Festhalten kann man, dass es eine Aussage nach dem Motto: "Beste Technik ist XY ..." nicht gibt. Es gibt verschiedene Bedürfnisse der verschiedenen Kundengruppen, die natürlich auch mit unterschiedlichen Produkten befriedigt werden können. Verwirrend und unnötig kompliziert erscheint es daher, dass Endkunden, die oft wenig technisches Detailwissen haben mit unnötigen technischen Begriffen konfrontiert werden und diese dann auch noch missbräuchlich eingesetzt sind.

Um eine Entscheidung für die eine oder andere Technologie oder auch die eine oder andere Montagevariante bei der Anschaffung einer Photovoltaikanlage zu treffen genügt es folgende Begriffe zu benutzen, die jedem – auch dem technischen Laien – aus dem Alltag bekannt sein dürften. Da wäre zum ersten die Größe einer Dachfläche mit einer bestimmten Orientierung und Neigung. Diese Größe kann man schlicht in m² (Quadratmetern) angeben. Die zweite Größe ist die kWh. Das ist die Einheit für die elektrische Arbeit und jeder der schon einmal eine Stromrechnung gesehen hat weiß, dass diese Größe eine Mengeneinheit für Strom – oder auch Gas und Wärme – ist nach der abgerechnet wird. Die dritte Größe ist der Preis in €.

Wenn man die Orientierung und die Neigung der Dachfläche kennt, kann man mit den gängigen Methoden berechnen wie viel kWh Strom auf dem betreffenden Dach in einem Jahr erzeugt werden. Jeder Solarinstallateur, der Angebote für Solarstromanlagen erstellt, sollte diese Daten liefern können. Das Angebot liefert außerdem den Investitionspreis für die Anlage in €. Dass die angebotene Anlage auf die vorhandene nutzbare Fläche montiert werden kann und nicht etwa zu groß ist, sollte der Anbieter gewährleisten. Rechnet man damit, dass die Solarstromanlage mindestens 20 Jahre lang Strom erzeugt, kann man einen Strompreis errechnen, indem man den Preis der Anlage durch die gesamte Strommenge die in diesen 20 Jahren erzeugt wird teilt.

Als Faustformel ist in südlicher Lage bei einer Dachneigung bis ca, 35 Grad mit eventueller Abweichung der Himmelsrichtung nach Osten oder Weste, nicht mehr als 30 % folgendes Gültig.

**Kristalline Module:**

$$8m^2 Dachfläche = 1kWp = 400€\, proJahr$$

**Dünnschicht Module:**

$$12m^2 Dachfläche = 1kWp = 400€\ proJahr$$

Es gibt zahlreiche Befestigungsmethoden an Gebäuden sowie auf Freiflächen. Bei Dachflächen gibt es u. a. folgende Hauptgruppen. Weniger relevant ist das Eigengewicht von rund 20 kg/m² der Solaranlage. Vielmehr sind die angreifenden Windlasten, standortabhängig mit Kräften von weit über 100 kg/m², statisch zu berücksichtigen.

**Aufdachmontage:**

Die Aufdachmontage findet man häufig auf Schrägdächern wobei die Module auf speziellen Schienensystemen befestigt werden.

Quelle: http://www.solar-photovoltaik-kosten.de

**Indachmontage:**

Die Indachmontage auf Schrägdächern erfordert spezielle Dachziegel.

Quelle: http://www.plan-solar.de/userfiles/Indachmontage.jpg

## Flachdachmontage

Auf Flachdächern wird die Solaranlage auf einer speziellen Metallkonstruktion befestigt.

Quelle: http://www.sonnenkraft-sh.de/typo3temp/pics/e877e1d32f.jpg

## Fassadenmontage

Mit erheblichen Verlusten an Wirkungsgrad sind mittlerweile auch Fassadenmontagen zu finden. Hierbei werden die Solarmodule direkt an dem jeweiligen Gebäude befestigt.

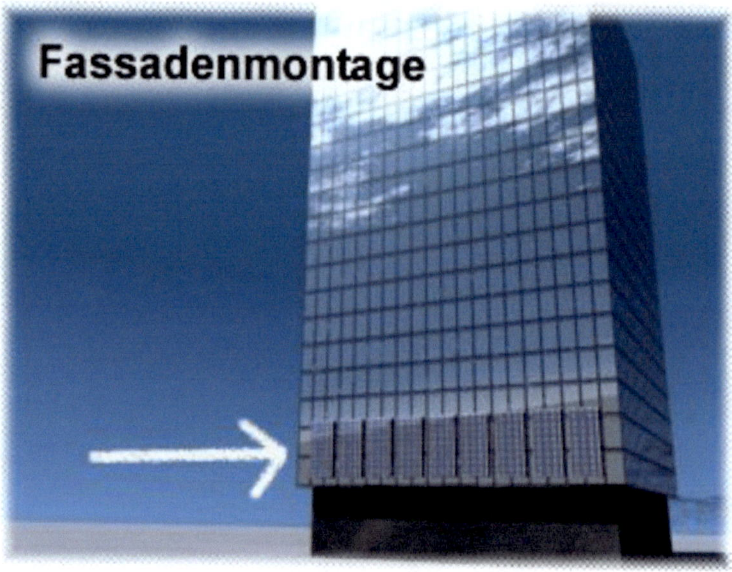


Quelle: http://solar-freising.de/images/fassadenmontage.jpg

## Energieerträge nach Dachausrichtung

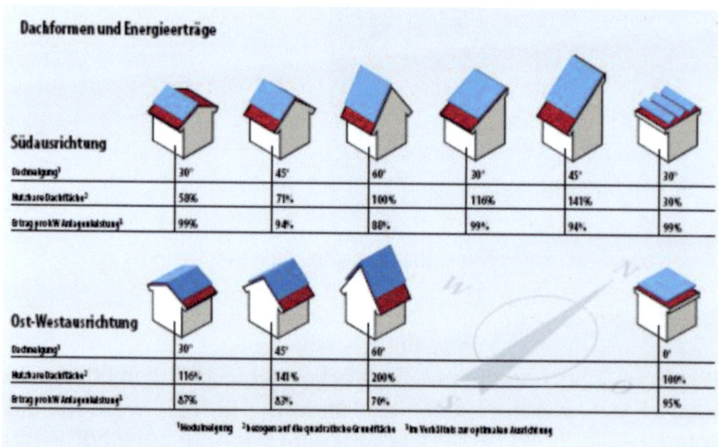

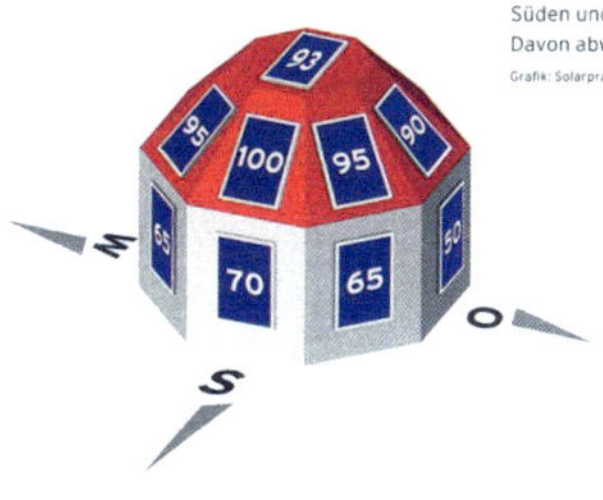


Optimale Energieerträge werden bei einer Anlagenausrichtung nach Süden und einem Winkel von 30 Grad zur Horizontalen erzielt (100). Davon abweichende Ausrichtungen haben etwas geringere Erträge.

Grafik: Solarpraxis AG

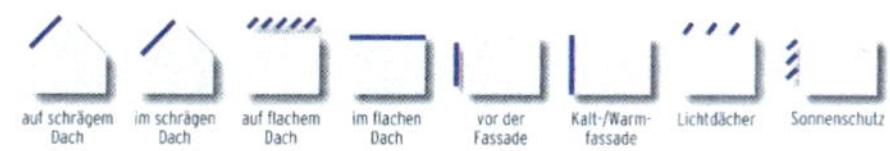


Montagemöglichkeiten für Anlagen

Grafik: Solarpraxis AG

## EEG in Auszügen

Das EEG ist KEINE Subvention, sondern eine degressive Anschubfinanzierung. Das wurde vom EU Gerichtshof bestätigt!

- Bundesgesetz im Umweltrecht
- Ursprüngliche Fassung März 2000
- Letzte Änderung Januar 2009
- Zweck:
    - soll den Ausbau von Energieversorgungsanlagen vorantreiben, die aus sich erneuernden (regenerativen) Quellen gespeist werden
    - dient vorrangig dem Klimaschutz
    - gehört zu einer ganzen Reihe gesetzlicher Maßnahmen, mit denen die Abhängigkeit von fossilen Energieträgern wie beispielsweise Erdöl, Erdgas oder Kohle und auch von Energieimporten aus dem Raum außerhalb der EU verringert werden soll
    - gegenwärtig wurde das deutsche EEG von 47 Staaten der Erde in seinen Grundzügen übernommen.

## Einspeisevergütung von 2004 – 2008

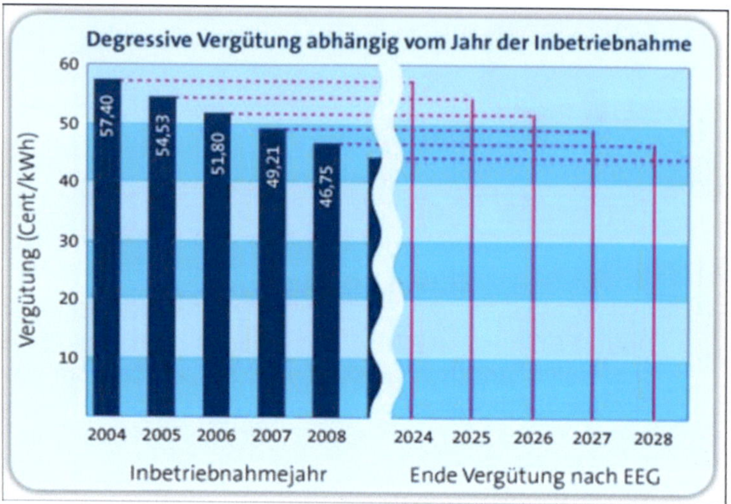


## Vergütungssätze nach dem EEG 2010

| **Freifläche** | | **Dachanlagen** | | | |
|---|---|---|---|---|---|
| Anlagengröße | beliebi g | ≤ 30 kW | ab 30 kW | ab 100 kW | ab 1.000 |
| | Ct / | Ct / | Ct / | Ct / | Ct / |
| Degression | 10% p.a. | 8% p.a. | 8% p.a. | 10% p.a. | 25% p.a. |
| | 11% p.a. | 9% p.a. | 9% p.a. | 11% p.a. | 11% p.a. |
| | 10% | 10% | 10% | 10% | 10% |
| 2008 | 35.4 | 46.7 | 44.4 | 43.9 | 43.9 |
| **2009** | **31.9** | **43.0** | **40.9** | **39.5** | **33.0** |
| **2010** | **28.4** | **39.1** | **37.2** | **35.2** | **29.3** |
| **Oktober / Juli 2010** | 24.1 | 32.8 | 31.2 | 29.5 | 24.6 |
| 2011 | 21.7 | 29.5 | 28.1 | 26.6 | 22.2 |
| 2012 | 19.5 | 26.6 | 25.3 | 23.9 | 19.9 |

## Eigenverbrauchförderung nach EEG 2010

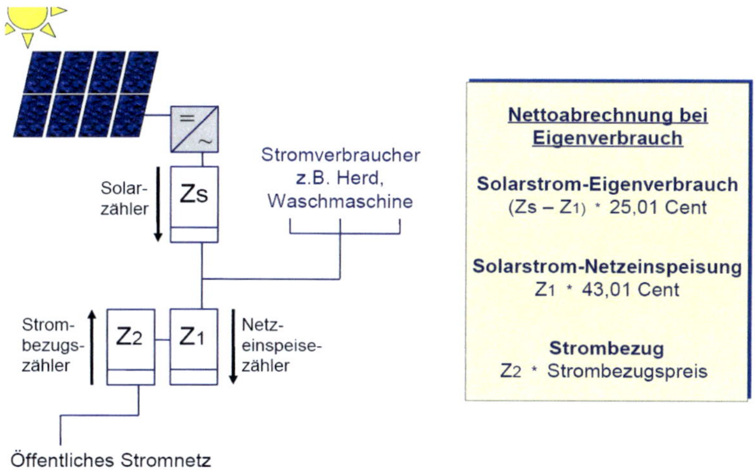


Nach dem neuen EEG wird aber jetzt auch der Eigenverbrauch der eigenen Solaranlage gefördert. Dieses war bisher nicht möglich.

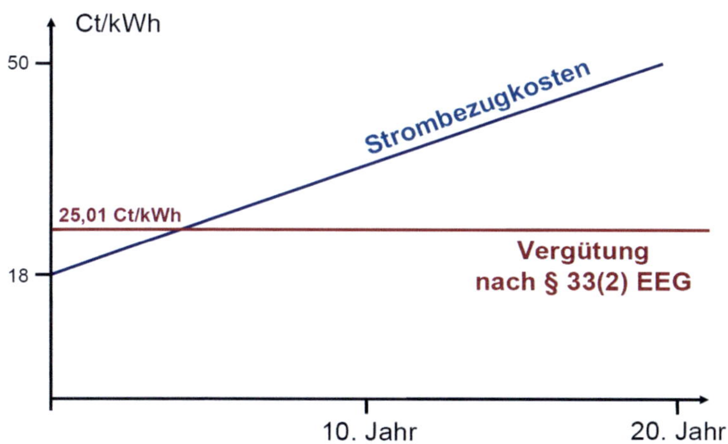

## Beispiel Eigenverbrauchsrechnung

**Bsp: 5 kWp-Anlage, Inbetriebnahme 2009, 4000 kWh/a**

| **Bruttoabrechnung des Anlagenbetreibers:** | |
|---|---|
| **Nettovergütung bei Eigenverbrauch** | |
| 3000 kWh * 25,01 Ct/kWh | = 750,30 Euro |
| **Nettovergütung bei Netzeinspeisung** | |
| 1000 kWh * 43,01 Ct | = 430,10 Euro |
| **Umsatzsteuerberechnung** | |
| (3000 kWh + 1000 kWh) * 43,01 Ct * 0,19 | = 326,88 Euro |
| | **= 1507,28 Euro** |

| **Bruttoabrechnung des Netzbetreibers:** | |
|---|---|
| **Rücklieferung bei Eigenverbrauch** | |
| 3000 kWh * 18 Ct * 0,19 | **= 102,60 Euro** |

Vielen Dank, dass Sie sich für diesen Solar Ratgeber entschieden haben. Sie können nun Ihre eigene Solaranlage selbst planen und grob projektieren. Mit diesem Band haben Sie sich einen Einblick in die Welt der Photovoltaik verschafft und können zukünftig bei diesem Thema mitreden. Angefangen von Siliziumarten bis hin zu den unterschiedlichen Modultypen, deren Leistungen und Aufbauvarianten auf Dachflächen. Ebenso können Sie den Ertrag bzw. Gewinn nun selbst mit den mitgelieferten Faustformeln berechnen um grob zu Wissen, wie viel Euro Ihre Solaranlage für Sie bringen wird. Wenn Sie weiterführendes Wissen benötigen, so empfehle ich Ihnen den Aufbauband des Solarratgebers, „Fachwissen der Photovoltaik“ von Gordon Kronzucker. Dieses Band ist demnächst ebenfalls bei der BOD Verlags- GmbH erhältlich.

Vielen Dank
Ihr Gordon Kronzucker

**SOLAR - RATEGBER 2011 - GRUNDWISSEN**